NOTICE HISTORIQUE

SUR

LES MOYENS USITÉS

POUR

COMPTER LE TEMPS

Depuis l'Antiquité jusqu'à nos jours

PAR

M. STÉPHAN

DIRECTEUR DE L'OBSERVATOIRE DE MARSEILLE

MARSEILLE

TYPOGRAPHIE ET LITHOGRAPHIE CAYER ET Cie,

rue Saint-Ferréol, 57

—

1874

NOTICE HISTORIQUE

SUR LES

MOYENS USITÉS POUR COMPTER LE TEMPS

Depuis l'Antiquité jusqu'à nos jours

NOTICE HISTORIQUE

SUR

LES MOYENS USITÉS

POUR

COMPTER LE TEMPS

Depuis l'Antiquité jusqu'à nos jours

PAR

M. STÉPHAN

DIRECTEUR DE L'OBSERVATOIRE DE MARSEILLE

MARSEILLE

TYPOGRAPHIE ET LITHOGRAPHIE CAYER ET C°,

rue Saint-Ferréol, 57

1871

NOTICE HISTORIQUE

SUR LES

MOYENS USITÉS POUR COMPTER LE TEMPS

Depuis l'antiquité jusqu'à nos jours

INTRODUCTION

La notion de durée que fait naître en nous la production des événements successifs de notre existence développe dans notre esprit celle du temps par une abstraction spontanée. Comme conséquence immédiate, l'homme éprouve un impérieux besoin de mesurer le temps. Placé à chaque instant entre l'infini dans le passé et l'infini dans l'avenir, entraîné d'une manière fatale sur une route sans limites, il lui faut des repères auxquels il puisse rapporter chacune des impressions variées qui composent la vie.

Cette mesure a été le premier but de l'astronomie et le premier fruit qu'en recueillit l'humanité. D'abord vague et incertaine, elle se perfectionna lentement, mais elle atteignit dans les derniers siècles une précision admirable à laquelle il semble difficile de pouvoir ajouter.

Le but principal de ce travail est de passer en revue les plus récentes découvertes de l'horlogerie et de montrer comment nous en pourrons tirer parti, pour mettre notre ville de Marseille en état de fournir l'heure, d'une manière satisfaisante, aux nombreux marins qui fréquentent nos ports. Toutefois, Messieurs, j'ai pensé que vous trouveriez quelque intérêt à voir réunis des documents épars dans divers ouvrages. C'est pourquoi je débuterai par une courte histoire de la chronométrie depuis l'antiquité jusqu'à nos jours.

CHAPITRE Ier

De la mesure du temps depuis les débuts de la période historique jusqu'à Huygens.

Il n'est pas douteux que les tentatives pour mesurer le temps ne remontent aux premiers âges de l'humanité. — La nature, par la succession régulière des jours et des nuits, s'était chargée elle-même de fournir la division la plus simple et de régler par cette alternative celle du travail et du repos. On fut tout naturellement conduit à diviser le jour en quatre parties: le matin, le midi, le soir et le minuit. Puis, bientôt ces grandes subdivisions semblèrent insuffisantes: on les fractionna à leur tour de diverses manières. C est ainsi que nous trouvons les quatre parties du jour et les quatre veilles des Romains qui peut-être la tenaient des Indiens, chez qui on les rencontre également (1).

(1) L'année des Indiens est, selon Le Gentil, de 365 jours, 5 heures, 58 minutes, 54 secondes, et ne diffère que de 42 secondes de celle qui aurait été en usage avant le déluge Les Indiens d'ailleurs partageaient le jour en huit parties égales, comme depuis ont fait les Romains. Ces intervalles, qui sont pour eux de sept heures et demie, sont sans doute destinés à l'usage civil, au lieu que la division en 60 heures est un

En même temps, pour les besoins des traditions, on trouva dans le mouvement des astres des périodes de plus en plus longues en faisant usage d'abord des révolutions de la lune, puis de celles du soleil, puis enfin de leurs révolutions combinées pour embrasser de très grands intervalles et avoir une idée numérique de cette succession continuelle qui engloutit les générations des êtres, les durées des empires et dont les grandes phases de la nature ne sont que des unités.

Quand les besoins civils réclamèrent le partage du jour en intervalles moindres que ceux dont nous avons parlé dans l'avant-dernier paragraphe, il fallut recourir à des procédés artificiels que nous allons décrire. Mais ici il est bon de faire observer que la question se complique d'une manière factice. Il est évident qu'au début on fit toutes les heures égales en adoptant pour valeur du jour la durée d'une révolution entière du soleil ; mais le peuple exigea une double division, l'une pour le jour tel qu'il l'entend et l'autre pour la nuit. C'est ainsi que nous avons deux fois douze heures dans notre jour. Il en résulta cet inconvénient grave qu'aux époques différentes de l'année, les heures eurent des durées variables, inconvénient qui a persisté très tard chez les nations occidentales et qui subsiste encore en quelques points de l'Italie. Dès lors il fallut inventer des machines capables de partager en douze portions égales la durée inégale des jours. Pour arriver à ce difficile résultat, l'école d'Alexandrie eut be-

usage astronomique. Or, cette manière de compter propre et particulière à lascience prouve qu'elle a été cultivée et perfectionnée, et comme les Indiens pratiquent sans inventer, on peut conclure qu'ils ont reçu cette manière de compter, avec les méthodes dont ils font usage, d'un peuple plus ancien qui en était l'inventeur.

Le jour est également divisé en 60 heures chez les Siamois, les Tartares, les Perses, les Chaldéens, les Egyptiens, enfin chez tous les peuples connus de l'ancien monde.

soin de déployer un grand esprit d'invention dont les résultats nous ont été conservés par Vitruve. Nous allons faire quelques extraits de cet auteur en distinguant ce qui appartient à la célèbre école de ce qui remonte à des temps antérieurs.

« Le mouvement, dit Laplace, en parlant du temps, est propre à lui servir de mesure; car un corps ne pouvant pas être dans plusieurs lieux à la fois, il ne parvient d'un endroit à un autre qu'en passant successivement par tous les lieux intermédiaires. Si à chaque point de la ligne qu'il décrit, il est animé de la même force, son mouvement est uniforme, et les parties de cette ligne peuvent mesurer le temps employé à les parcourir. » C'est, en effet, au moyen du mouvement qu'on a toujours mesuré le temps. Dans l'antiquité, par l'intermédiaire des cadrans solaires et des appareils à écoulement de liquide ; puis, plus récemment, par les horloges. »

Selon toute apparence, les machines les plus anciennes sont celles à écoulement de liquide. On les a appelées suivant les temps et les circonstances clepsydres, hydries ou hydroscopes. Quelque simple que soit un cadran solaire, sa construction nécessite un cercle divisé, la connaissance de la direction du plan de l'équateur et même quelques éléments de la théorie des projections si le cadran n'est pas perpendiculaire à l'axe du monde. De tout temps, au contraire, on a pu et on a dû mesurer la durée d'un court intervalle comme celle d'un discours, d'une punition infligée, etc., par l'écoulement de l'eau contenue dans un vase. Du reste, les recherches de M. Biot fils montrent que les clepsydres étaient en usage chez les Chinois longtemps avant notre ère.

DES CADRANS SOLAIRES

Les cadrans solaires dont nous parlerons d'abord sont

eux-mêmes d'une haute antiquité. Chacun sait sommairement comment sont disposés ces appareils. Le soleil opère sa révolution diurne apparente en décrivant sensiblement un cercle qui a son centre sur l'axe du monde et dont le plan est perpendiculaire à celui-ci. A cause de la grande distance qui nous sépare du soleil, une parallèle à l'axe du monde menée par un point quelconque de la terre peut être confondue avec cet axe; d'où il suit que si, en un lieu quelconque du globe, on dispose un plan parallèle à celui de l'équateur et qu'on lui implante un style perpendiculairement, l'ombre de ce dernier effectue sur le cadran un tour complet en 24 heures ou du moins l'effectuerait si le soleil ne disparaissait sous l'horizon. On conçoit maintenant comment, par une simple projection, on peut substituer au cadran équatorial, tout en laissant le style dans sa position, un cadran ayant telle orientation que l'on voudra.

On trouve les premières traces de cadrans exposés au soleil chez les Chaldéens et chez les Juifs, qui les reçurent sans doute de Babylone. Les Grecs en attribuaient l'invention à Bérose; mais il semble difficile que l'auteur de l'explication absurde des phases de la lune ait pu s'élever à cette invention. Bérose introduisit seulement les cadrans dans la Grèce; d'où il suit que s'il vivait 1500 ans avant J.-C., l'invention dont il s'agit est encore antérieure. Quoi qu'il en soit, on lit dans le Livre des Rois, chap. XX et dans Isaïe, chap. XXXVIII, que pour rassurer Ezéchias contre les pronostics d'une mort prochaine, Dieu fit rétrograder de 10 degrés l'ombre de l'horloge d'Achon.

Achaz était roi de Juda 742 ans avant J.-C.

Un cadran solaire fut établi en Grèce, à Lacédémone, par Anoximondre, vers 545 avant J.-C.

L'époque de l'adoption des cadrans solaires à Rome est entourée de nuages. Pline rapporte sans l'affirmer que le premier cadran y fut érigé par Popirius-Cursor, 306 ans avant J.-C. En 276, on en établit, sur le Forum, un deuxième apporté de Catane par Valerius-Messala.

Vitruve énumère plusieurs sortes de cadrans connus de son temps, savoir : l'hémicycle, le scophé ou hémisphère, le disque, l'aranea, le prostahistoroumena, le prospanclima, le pelecinon, le cone, le carquois, le gonarque, l'angonate et l'antiborée. Bailly remarque avec justesse dans son *Histoire de l'Astronomie* qu'un si grand nombre de cadrans d'espèces différentes indique un art cultivé et approfondi. Peut-être, ajoute-t-il, les anciens ne nous le cédaient-ils en rien dans l'art de la gnomonique.

L'hémicycle ne nous est pas parfaitement connu ; d'après ce que laisse comprendre le texte de Vitruve, cet instrument se composait d'une calotte hémisphérique creusée à l'intérieur d'un carré, de manière que le grand cercle de cette demi-sphère fût perpendiculaire au plan de l'équateur ; il est à croire que cette disposition avait été prise par imitation de la voûte céleste; on voulait que, comme le soleil, son ombre parût se déplacer sur une sphère. Cette sorte de cadran qui semble le premier de tous est de l'invention de Bérose.

L'aranea est de l'invention d'Eudoxe. Il doit son nom à la multitude de lignes qui s'y trouvaient tracées et qui le faisaient ressembler à une toile d'araignée. Il était plan.

On ignore en quoi le scophée ou hémisphère d'Aristarque différait de celui de Bérose.

Le disque, également inventé par Aristarque, était un cadran tracé sur un plan horizontal. Ce qu'il présentait de nouveau était sans doute sa disposition horizontale.

Le prostahistoroumena est dû à Scopas de Syracuse. Son nom signifie *pour tous les lieux dont il est parlé dans l'histoire*. Il semble d'après cela ne pas différer du prospanclima de Parmenion. — Cet instrument était un cadran plan susceptible de prendre toutes les inclinaisons possibles par rapport à l'horizon.

« Quand une fois, dit M. Bailly, les cadrans eurent atteint cette précision, on imagina pour les rendre plus intéressants ou plus utiles d'y ajouter différentes autres indications. Nous en jugeons par le Pelecinon, ou cadran fait en hache, dont les auteurs sont Théodose et Andreas Patrocles. Perrault conjecture, avec beaucoup de vraisemblance, que ce cadran avait reçu son nom des lignes transversales qui, marquant les signes et les mois, sont serrées vers le milieu et élargies sur les côtés ; ce qui leur donne la forme d'une double hache assez semblable au fer des anciennes hallebardes. Il conjecture aussi que les cadrans en cône et en carquois, attribués à Dyonisiore et Apollonius, sont les cadrans verticaux qui regardent l'Orient et l'Occident et qui, étant longs et situés obliquement, peuvent représenter un cône ou un carquois.

« A l'égard du gonarque et de l'angonate, on voit par leurs noms qu'il est question d'angles et que ces cadrans étaient sans doute différemment inclinés à l'égard de l'horizon et du méridien. Baldus croit que l'antiborée était un cadran équinoxial tourné vers le nord. Mais un cadran équinoxial n'a qu'une de ses moitiés tournée vers le nord; elle sert pour le printemps et l'été. L'autre qui est pour l'automne et l'hiver doit regarder le midi. C'est cette seconde moitié sans doute à laquelle on a donné le nom d'antiborée. Vitruve fait aussi mention de cadrans portatifs qu'il appelle pensilia parce qu'il fallait les suspendre pour s'en servir. Ils doivent, en conséquence, avoir beaucoup d'analogie avec notre anneau astronomique. »

L'usage des cadrans solaires ne s'est point perdu ; on en dispose encore et avec raison sur presque tous les édifices publics ; et, sauf quelques différences très secondaires, ces instruments sont identiques à ceux des anciens. Notre intention n'est pas d'exposer les procédés employés en gnomonique pour adapter le tracé des lignes horaires à l'orientation et à la latitude du lieu où le cadran doit être installé, ce n'est là d'ailleurs qu'un problème de géométrie descriptive. Nous nous bornerons à quelques remarques.

Outre les lignes horaires, on trace généralement sur les cadrans des lignes courbes à peu près parallèles entre elles et une autre, seule de son espèce, qui affecte sensiblement la forme d'un 8. Voici quelle est leur signification.

A l'extrémité du style est disposée une plaque percée d'un trou qui laisse tomber sur le cadran un point lumineux. Chaque jour, en admettant que la déclinaison du soleil reste fixe pour 24 heures, ce point brillant parcourt sur le cadran l'une des premières lignes dont nous avons parlé. Il est aisé de voir que les rayons menés du trou de la plaque au soleil décrivant un cône de révolution autour du style, ces lignes sont des ellipses, des hyperboles ou des paraboles suivant les cas. On les appelle arcs des signes, en voici la raison.

L'écliptique est partagée en douze signes de 30° chacun. On calcule, par un triangle sphérique rectangle, la déclinaison du soleil quand il est à 0°, 30°, 60° et 90° de l'équinoxe. On a ainsi la déclinaison pour le commencement de chaque signe. Avec ces déclinaisons, on calcule la route de l'ombre, en cherchant à quelle distance du centre se trouvera, sur chaque ligne horaire, le point de lumière et joignant ces points par un trait continu.

Depuis que l'usage s'est répandu de régler les horloges sur le temps moyen, c'est-à-dire de faire les jours civils rigoureusement égaux, tandis que les temps qui s'écoulent entre deux passages consécutifs du soleil au méridien n'ont pas tous la même durée, les cadrans solaires ne marquent midi que quatre fois par an (1), en même temps que les montres ordinaires. Celles-ci donnent le midi moyen, le cadran le midi vrai. — Si donc, on veut faire usage du cadran pour régler une horloge en dehors des équinoxes, on peut recourir à une table fournissant, pour chaque jour de l'année, l'écart entre le temps vrai et le temps civil. La courbe, en forme de 8, a pour objet de suppléer à cette table. On la décrit en marquant sur chaque arc des signes, la position du point lumineux, à midi moyen, puis en joignant ces points par un trait continu. On voit immédiatement qu'on obtiendra, pour un jour quelconque, l'instant du midi moyen en saisissant le moment où le point lumineux vient rencontrer la courbe en 8.

DES CLEPSYDRES

Nous avons dit que les clepsydres, selon toute probabilité, avaient précédé les cadrans solaires; du reste ceux-ci n'eussent point dispensé des autres. Outre que les cadrans se prêtent mal au partage du temps en très petits intervalles, leur emploi exige la présence du soleil et par conséquent devient impossible pendant la nuit.

Les clepsydres ont été en usage dans toute l'Asie (2), en Chine, dans l'Inde, dans la Chaldée et en Egypte. Démosthènes parlant de ces instruments en attribue l'invention à Platon qui les introduisit seulement chez les Grecs. On croit, à Athènes, qu'il y avait une grande horloge à eau dans un monument qui existe encore aujourd'hui et qu'on suppose avoir été consacré à Eole. On prétend que

(1) Le 15 avril, le 15 juin, le 31 août et le 25 décembre.

(2) Dans un triomphe de Pompée, figurait parmi les dépouilles de l'Orient une horloge enfermée dans une boite tissue de perles. Pline, lib. XXXVII, chap. 1.

l'eau qui alimentait cette machine, provenait d'un puits situé au pied de l'Acropole. Mais on manque entièrement de données sur le mécanisme.

Les clepsydres étaient connues des Romains chez qui elles servaient, entre autres usages, à régler le temps pendant lequel devaient parler les orateurs, à la façon dont nous employons encore le sablier. — On trouve dans les discours de Cicéron et de Démosthènes des allusions aux supercheries auxquelles ces instruments donnaient lieu. Les préposés à la surveillance des clepsydres se laissaient corrompre et en falsifiaient les indications, soit en altérant le diamètre de l'orifice par lequel l'eau s'écoulait, soit en faisant varier la capacité du vase où tombait le liquide par l'introduction ou le retrait de petites boules de cire(1).

Tous les auteurs modernes, Berthoud et les autres qui, comme lui, ont écrit sur l'horlogerie, renvoient, pour les clepsydres, à l'ouvrage du père Alexandre, bénédictin de la congrégation de Saint-Maur. — Cet ouvrage, publié en 1834, contient une histoire des horloges en général et des horloges à eau en particulier, mais il ne donne la description d'aucune horloge hydraulique ancienne. L'auteur se borne à renvoyer à Vitruve et à déclarer que toutes les machines de ce genre étaient fort imparfaites. Il décrit, au contraire, avec détails, une horloge à eau imaginée en 1690, en France, par le père C. Wailly, de la même congrégation, et, en Italie, par le père Martinelli. Nous reviendrons plus tard sur cet instrument.

Ainsi que nous l'avons déjà dit, les premières horloges à eau ont dû être grossières. Ce fut d'abord un simple vase d'où s'écoulait, par un petit orifice, un volume d'eau déterminé ; mais on dut bientôt s'apercevoir que la vitesse

(1) César trouva des clepsydres en Angleterre et s'en servit pour constater que les nuits d'été, dans ce climat, sont plus courtes qu'en Italie.

de l'eau allait en diminuant au fur et à mesure que s'abaissait le niveau du liquide non écoulé et l'on chercha sans doute à remédier à cet inconvénient. Bailly pense que ce fut par l'immersion d'un corps dans l'eau, et ce qui le conduit à cette hypothèse c'est la description d'un petit instrument rencontré par Anquetil sur la côte de Malabar. « Les Malabares, dit-il, n'ont pas d'autre instrument, pour « marquer les heures, qu'un petit vase de cuivre rond et « percé par le fond. L'eau entre par le trou et fait en- « foncer le vase au bout d'un intervalle appelé Majika et « dont 60 forment le jour. » Le même instrument appelé Garic par Le Gentil a été trouvé par lui sur la côte de Coromandel entre les mains des Cypayes qui s'en servent pour relever les gardes. Bailly pense que ce fut là le premier degré de perfection des clepsydres. On pouvait en effet construire empiriquement des machines analogues de façon à mesurer des intervalles de temps qui fussent des subdivisions les unes des autres ; toutefois, on ne peut méconnaître que leur emploi n'eût entraîné des pertes de temps considérables.

Le même auteur estime que l'on dut revenir alors à la chute naturelle de l'eau, pour les opérations délicates telles que la division du zodiaque ; et que l'expérience enseigna quelque artifice simple tel que celui qui consisterait à faire écouler l'eau d'un cône ou d'une pyramide renversée, fig. I. Par cette disposition, l'eau peut en effet descendre par degrés égaux d'une graduation appliquée à l'instrument, quoique les quantités sorties soient inégales.

Les anciens durent trouver de bonne heure un moyen pour rendre l'écoulement de l'eau uniforme. Remarquant que la vitesse du liquide dépend de sa hauteur de chute, ils cherchèrent sans doute à faire que celle-ci fût constante soit en adaptant au réservoir une décharge, à une hauteur déterminée, et réglant convenablement l'arrivée de l'eau dans ce réservoir; soit en inventant quelque disposition particulière analogue au flotteur de Prony.

La seconde difficulté qu'il fallait vaincre résidait dans cette inégalité des heures du jour dont nous avons déjà parlé. L'instrument suivant, malgré sa grossièreté, donnait une solution assez satisfaisante du double problème.

Il se composait (fig. 2) de deux cônes renversés, l'un vide et l'autre plein, celui-ci pouvant emplir exactement la cavité de celui-là. Le cône creux, ouvert par le bas, avait des dimensions telles qu'étant entièrement rempli d'eau, il se vidait dans la durée du jour d'hiver le plus court. Au fur et à mesure que les jours grandissaient, on introduisait le cône plein dans l'intérieur de l'autre d'une quantité de plus en plus grande en employant une échelle graduée qui servait à le supporter. La sortie de l'eau se trouvait ainsi graduellement ralentie et l'on conçoit comment cet appareil pouvait se conformer à l'inégalité des heures. Le soin que Vitruve met à le décrire montre qu'il fut longtemps en usage et même qu'il l'était peut-être encore de son temps dans les familles peu opulentes.

Claude Perrault, le célèbre architecte de la colonnade du Louvre, a décrit d'après Vitruve, une clepsydre inventée par Ctébisius et dont la construction est plus complexe que celle de la précédente. Nous en donnons le dessin à la fig. 3. — La pièce principale est une colonne pouvant tourner sur elle-même et sur laquelle sont tracées les lignes des heures de la manière suivante : deux lignes verticales diamétralement opposées sont marquées sur la surface du cylindre et partagées l'une dans le rapport du jour le plus long à la nuit la plus courte, l'autre dans le rapport inverse. Chacun de ces intervalles est subdivisé lui-même en douze parties représentant les heures du jour et de la nuit, enfin des lignes obliquement transversales qui joignent les divisions correspondantes en contournant le cylindre indiquent l'augmentation ou la diminution successive des heures dans les différentes saisons. Une petite figure marque l'heure, au moyen d'un index, en s'élevant le long de la colonne qui fait un tour sur elle-même en une année, tandis que l'eau s'écoule goutte à goutte sous forme de larmes versées par une autre petite figurine. Il serait difficile de dire si le mécanisme intérieur décrit par Perrault est bien le véritable; dans tous les cas, on voit que l'art de la construction des clepsydres avait presque atteint sa perfection.

Vitruve donne à entendre que les mouvements de cette machine s'exécutaient au moyen de roues dentées et il ajoute que ces roues jetaient des pierres. Perrault pense avec raison que ces pierres tombaient dans un bassin de métal et tenaient lieu de sonnerie. Quand le calife Haroun-al-Rachid envoya des ambassadeurs et des présents à Charlemagne, il y avait parmi ceux-ci une horloge qui sonnait aussi les heures par le moyen de balles échappées et reçues dans un bassin d'airain.

Ctébisius vivait 150 ans environ avant J.-C.

La fig. 4 représente une troisième espèce de clepsydre qui semble postérieure à la précédente, parce que sa construction révèle des connaissances astronomiques assez avancées. L'inégalité des heures est produite par des quantités inégales d'eau, bien que la chute dût être uniforme.

Au-dessous du cadran des heures en est disposé un autre sur lequel sont figurés les signes du zodiaque et les degrés de l'écliptique. Ce zodiaque est fixe et à son intérieur est disposé concentriquement un tambour mobile portant un index et sur le pourtour duquel est pratiquée une rainure de largeur variable qui constitue avec une ouverture pratiquée dans la caisse de l'instrument un orifice par lequel l'eau s'écoule de quantités inégales, selon les saisons. Un flotteur de liége suspendu à l'une des extrémités d'une corde, qui porte à l'autre un contre-poids et qui s'enroule autour de l'axe de l'aiguille des heures, communique à celle-ci son mouvement de rotation.

Nous donnons, fig. 5, un quatrième et dernier modèle de clepsydre ancienne qui montre chez les constructeurs des connaissances astronomiques encore plus complètes que ne fait la précédente.—On donnait à cette horloge le nom d'anaphorique.

On traçait sur le cadran la projection du cercle de la sphère et les différents parallèles du soleil. La partie diurne et la partie nocturne de ces parallèles étaient chacune divisée en 12 portions par les cercles horaires. Un clou à tête indiquait le soleil; chaque jour on le plaçait sur le degré de l'écliptique convenable et par suite du mécanisme ce clou décrivant son parallèle indiquait les heures.

Quoique nous ne puissions décrire dans leurs détails les dispositifs particuliers à ces derniers instruments, il est clair que leur construction suppose une entente complète de la matière et des connaissance approfondies de mécanique pratique.

En Chine, l'art des horloges avait atteint aussi un grand développement.

Vers le milieu du huitième siècle, l'astronome Y-Hong construisit une horloge célèbre dans l'histoire de la Chine. Le P. Gaubil en donne la description extérieure. L'eau faisait mouvoir plusieurs roues et par leur moyen, on représentait le mouvement propre et le mouvement commun du soleil, de la lune et des cinq planètes. On voyait la grandeur des jours et des nuits pour Si-gan-fou, les étoiles visibles ou non visibles au-dessus de l'horizon. Deux aiguilles marquaient jour et nuit le Ke (centième partie du jour) et les heures. Quand l'aiguille était sur le Ke, une petite statuette en bois apparaissait, donnait un coup sur un tambour, puis disparaissait. Quand l'aiguille était sur l'heure, une autre statuette donnait un coup sur un timbre.

Y-Hong était un astronome habile qui mesura le premier les longitudes et latitudes des principales villes de la Chine ; il laissa également un catalogue d'étoiles rangées par rapport aux mêmes coordonnées et construisit des tables du mouvement vrai du soleil pour les différents jours de l'année.

Vers l'an 990, on fit une nouvelle horloge assez semblable à celle de Y-Hong, il y avait douze statues de bois pour les douze heures, un tambour entre deux cloches.

Les clepsydres continuèrent à être en usage en Europe après la décadence de l'Empire romain et pendant tout le moyen-âge. Dans une lettre de Théodoric à Boèce, le roi des Goths lui demanda deux horloges pour le roi de Bourgogne; l'une solaire qui donnât l'heure par les rayons du soleil, l'autre hydraulique pour la nuit. « Je veux, dit-il, « que vous soyez connu chez les peuples où vous ne pouvez « aller et qu'ils sachent que nous avons des hommes d'une « naissance distinguée qui valent bien les écrivains dont « on admire les ouvrages. » Du reste, ces témoignages d'estime n'empêchèrent pas, plus tard, le prince de faire périr le savant romain.

L'illustre astronome Tycho-Brohé, né à Amsterdam dans la province de Scanie, le 13 mars 1546, construisit lui-même une clepsydre à mercure, pour les besoins de ses observations. Ce mercure, purifié le mieux possible, était placé dans un vase de verre percé d'un petit trou ; un autre distillait du mercure dans le premier pour y entretenir la constance du niveau. Tycho pesait la quantité écoulée dans l'intervalle d'un jour, et, ensuite, il construisait une table des poids qui devaient s'écouler dans une heure, dans une minute, dans une seconde.

Il opérait de la même manière avec du plomb calciné réduit en poudre, et, à cette occasion, il ne manque pas de faire des réflexions snr les propriétés astrologiques et chimiques de Mercure et de Saturne considérés comme planètes ou comme métaux. Cette mesure du temps par le vif argent confirme, dit-il, l'apophtegme des philosophes alchimistes : *Ce que cherchent les sages est dans le mercure.*

L'horloge du père C. Wailly, décrite dans l'ouvrage du père Alexandre, avait pour pièce principale une boîte en forme de tambour et partagée en sept compartiments. Chaque compartiment renfermait de l'eau. Ce liquide, s'échappant par une petite ouverture convenablement placée, le compartiment devenait plus léger et s'élevait faisant place à un autre qui s'élevait à son tour et ainsi de suite. Par suite du déplacement de ces pièces intérieures, le tambour tout entier s'abaissait, en prenant un mouvement de rotation uniforme, et, par suite, indiquait les heures tracées sur une colonne verticale.

Comme l'écoulement des liquides devient plus rapide quand la chaleur augmente, on avait imaginé deux procédés de compensation : le premier consistait à changer l'échelle des heures selon l'époque de l'année, le deuxième à ralentir la chute du tambour par un contre-poids.

Ce mode de compensation doit paraître bien imparfait si l'on songe à l'irrégularité avec laquelle varie la température ; le suivant, au contraire, est très-ingénieux, très-rationnel ; il est dû à un médecin grec, M. Pyrlos, et montre par la date de son invention que jusqu'à nos jours on a cherché à construire des horloges à écoulement d'eau.

L'appareil de M. Pyrlos a été présenté à l'Académie des sciences par M. Pouillet, dans le courant de l'année 1845. Cet instrument présente à l'extérieur un cadran et deux aiguilles ; à l'intérieur trois petites roues et deux réservoirs. Dans le réservoir inférieur est un flotteur, dans le réservoir supérieur est un syphon à branche capillaire par lequel l'eau s'écoule goutte à goutte. Ce syphon, rendu plus léger par l'addition d'une boîte en cuivre mince, suit le mouvement du liquide.

Comme compensateur, M. Pyrlos place dans la boîte en cuivre un thermomètre à grand réservoir et à tige recourbée en S, avec une boule comme les tubes de Welter. Le thermomètre est rempli d'alcool jusqu'à la boule ; le reste de la tige contient du mercure dans une étendue que l'expérience détermine. Si la température augmente, le mercure monte, le centre de gravité se déplace, la boîte en cuivre bascule légèrement et, entraînant le syphon dans son mouvement, fait varier d'une petite quantité la différence de hauteur entre le niveau du liquide et l'extrémité inférieure du syphon. On conçoit que les dimensions du flotteur, celles du syphon et celles du thermomètre puissent être combinées empiriquement ou par le calcul de manière à rendre l'appareil à peu près insensible aux variations de la température.

Nous sommes entré dans quelques détails sur cet instrument à cause de l'esprit ingénieux qui a présidé à sa construction. En cherchant dans les annales des Sociétés savantes, on en trouverait sans doute un grand nombre d'analogues, plus ou moins ingénieux ; ainsi, par exemple, nous voyons que le 16 avril 1849, M. Szuszbiewicz donne à l'Académie la courte description d'une horloge à eau qu'il appelle *pendule polonaise*. Mais cette énumération nous écarterait de notre but qui est de montrer, seulement, quel était l'état de l'art à différentes époques et d'en suivre les progrès.

DES HORLOGES A POIDS.

Les premières horloges à poids datent du neuvième siècle. On en attribue l'invention à Pacificus, archiduc de Vérone, mort en 846. Pacificus est surtout célèbre par la découverte de l'échappement.

On s'aperçut bien vite que le nouveau moteur présentait les mêmes inconvénients que l'eau, c'est-à-dire, que la chute des poids s'accélérant sous l'influence de la pesanteur, le mouvement n'était pas uniforme. C'est alors que Pacificus imagina d'arrêter périodiquement la descente des poids. Pour cela, un balancier circulaire, placé horizontalement, portait sur son axe vertical deux palettes qui sont alternativement poussées par les dents d'une roue soumise elle-même à l'influence des poids. — Quand cette roue tend à tourner, elle rencontre une des palettes qui résiste à son effort ; elle la pousse, la palette échappe et alors la dent opposée tombe sur l'autre palette. Par cet effet alternatif, la descente des poids, tour à tour libre ou suspendue, se trouve dans les mêmes conditions qu'au premier instant. — Ce système porte le nom d'échappement à verge ou à palette.

Gerbert, en 1003, construit une fameuse horloge à Magdebourg. Gerbert, d'abord moine de l'abbaye de Fleuri, en Gascogne, fut ensuite archevêque de Reims, puis pape sous le nom de Silvestre II. Ses inventions le firent passer pour magicien malgré son caractère sacré. Naudé lui consacra une partie de son *Apologie des grands hommes* et le lava de ce soupçon.

Le quatorzième siècle vit ériger plusieurs horloges : à Paris, celle de la tour du Palais fut l'œuvre d'un Allemand et subsiste encore ; à Londres, on eut celle de Walingford, bénédictin anglais ; en Italie, celle de Dondis (1). Celle-ci marquait l'heure, le jour, les fêtes de l'année, le cours du soleil, de la lune et des planètes.

Le premier particulier qui fit l'acquisition d'une horloge fut Waltherus, que nous voyons pour la première fois, en **1484**, faire usage de cet instrument pour mesurer le temps dans les observations astronomiques. Waltherus dit que son horloge était bien réglée, et qu'elle donnait exactement l'intervalle d'un midi à l'autre. Nous devons, bien entendu, faire nos réserves à l'égard de cette assertion et comprendre que cette perfection prétendue est relative à l'époque.

Dès lors, en Allemagne, l'art des horloges se renouvela. On en construisit qui marquaient les mouvements du soleil, de la lune, les minutes et les secondes et l'on eut une connaissance plus détaillée de la marche du temps. On fit ces instruments en métal, tandis que ceux de Copernic et de Reinhold étaient en bois ; on en agrandit les dimensions et on y appliqua la théorie des transversales pour en multiplier les subdivisions. Tycho avait trois ou quatre horloges dont il n'était pas satisfait ; c'est pour cela qu'il construisit sa clepsydre à mercure. Mais il est à croire que ses conseils contribuèrent beaucoup, ainsi que ceux de Juste Birge, à éclairer les constructeurs. Par un concours heureux de circonstances, Tycho possédait une grande fortune, disposait des libéralités du roi de Danemark, et ne reculait devant aucune dépense pour les progrès des sciences astronomiques.

Ces recherches de mécanique appliquée étaient une heureuse préparation à la grande transformation qu'Huygens allait faire subir à l'art de l'horlogerie. Aux à peu près allait

(1) Jean de Dondis, médecin et astronome de Padoue, fut célébré par Regiomontanus dans un discours public. Son invention lui fit donner le nom d'horologio, que sa famille a conservé.

succéder la précision absolue ; à la rareté, la profusion ; de curieux qu'ils étaient, ces instruments allaient devenir réellement pratiques, aisés à pratiquer et se prêter à l'exigence la plus sévère des savants comme aux besoins des gens du monde ; si bien que, grâce à eux, les sciences d'observation, et en particulier l'astronomie, usant de méthodes nouvelles, allaient, pour ainsi dire, changer de faces en acquérant une sûreté et une rigueur inconnues jusqu'alors.

CHAPITRE II

Application à l'horlogerie du pendule et des appareils vibratoires.

L'organe qui devait si profondément modifier la valeur des horloges est le pendule.

On donne ce nom à tout corps attaché par un seul de ses points autour duquel il peut tourner. Par exemple, une sphère pesante suspendue à l'extrémité d'un fil flexible est un pendule.

Au repos, le pendule prend une direction fixe qui est celle de la verticale. Si on l'écarte de cette direction, il y revient, la dépasse, pour retourner à son point de départ, et ainsi de suite. Ces mouvements alternatifs qui s'effectuent à peu près dans un plan, sont ce qu'on appelle les oscillations du pendule, et l'angle d'écart avec la verticale est leur amplitude ; si l'appareil reste abandonné à lui-même, les amplitudes des oscillations diminuent graduellement jusqu'à devenir nulles, et le fil reprend la position verticale.

La grande découverte de Galilée consiste à remarquer que les petites oscillations du pendule s'effectuent dans des temps égaux ; autrement dit, elles sont isochrones.

Galilée, né à Pise, en 1564, était un génie puissant qui doit être considéré comme le vrai fondateur de la mécanique moderne. Doué d'une pénétration merveilleuse, d'une rectitude de jugement inflexible jointe à une vaste érudition, il eut non-seulement la gloire d'établir les bases sur lesquelles Newton devait, plus tard, asseoir ses travaux, mais encore la force de détruire les préjugés anciens sur le mouvement, fausses idées qui barraient pour ainsi dire, à l'entrée de la science, le passage à toute conception saine et à tout progrès sérieux.

On raconte que Galilée fut conduit au principe de l'isochronisme par une circonstance fortuite. Il aurait été frappé, dans la cathédrale de Pise, par les oscillations d'une lampe suspendue à la voûte et serait arrivé à la perception de sa loi mécanique d'une manière tout à fait intuitive. Quoi qu'il en soit, on ne cite pas d'expériences par lesquelles il ait cherché à fortifier sa conviction ; on sait seulement qu'il connut la plupart des propriétés du pendule telles, par exemple, que la diminution de la durée de l'oscillation quand on raccourcit la longueur du fil.

La priorité de cette découverte fut plus tard contestée à Galilée. D'après Edouard Bernard, professeur d'astronomie à Oxford, dans le courant du dix-septième siècle, et très versé dans la langue des Arabes, ceux-ci auraient eu connaissance de la propriété fondamentale du pendule. Malheureusement Edouard Bernard se borne à une simple assertion.

« C'est chose remarquable, dit Bailly, que cette connaissance du pendule trouvée chez les Arabes. Il est bien extraordinaire qu'elle n'ait pas immortalisé son auteur ; que son auteur ne soit ni loué, ni cité dans aucun des livres arabes que nous avons, tels que ceux d'Alfergan, d'Alhozen, d'Albategnius. L'époque brillante des Arabes commence au neuvième siècle avec Almamon et Alfergan, et dure à peine jusqu'au temps d'Arzachel, c'est-à-dire, jusqu'au onzième siècle. Les astronomes postérieurs n'ont fait que remanier et compiler les ouvrages des autres; c'est ce qui arrive toujours lorsque les sciences ont acquis une certaine élévation : pour la nature, comme pour l'homme, le repos doit succéder au travail; un âge a fait des efforts, l'âge suivant décline. Deux siècles ont-ils pu suffire aux Arabes pour remarquer l'isochronisme du pendule et pour en faire l'application aux horloges? Nous voyons que ces découvertes se sont succédé assez rapidement dans le siècle de Galilée et d'Huygens; mais ces grands hommes étaient aidés des progrès de la géométrie et de la mécanique. Les Arabes n'en firent aucun dans ce genre; ils n'eurent d'autres connaissances que celles des Grecs ; ils les traduisirent, ils les commentèrent, mais nous ne voyons pas qu'ils les aient beaucoup augmentées. Comment donc leur attribuer une des plus brillantes découvertes du siècle dernier, sans trouver avec elle aucune trace de l'admiration qu'elle méritait, des recherches qu'elle dut occasionner et des principes qui en réglaient l'usage? » Puis plus loin : « Les grandes découvertes ne viennent jamais seules. Le siècle dernier a vu l'invention du pendule et son application à la régularité des horloges; mais il a vu l'application de l'algèbre à la géométrie, la connaissance des lois du mouvement et de la chute des corps, l'invention des lunettes, et les nombreuses découvertes qu'elles ont amenées; il a vu la sublime théorie des forces centrales, le vrai système du monde et il en a dévoilé le mécanisme, en même temps qu'il a créé les arts et produit les chefs-d'œuvre de l'éloquence et de la poésie. Tout cela fut l'ouvrage de soixante-dix ans. C'est l'effet d'un seul effort et, pour ainsi dire, d'un élan de la nature. Nous ne voyons rien de tel chez les Arabes; cette découverte est unique. Les autres sciences, les arts n'ont fait aucun progrès sensible, et cette importante connaissance, née sans germe, a péri par son fruit.

En conséquence, il ne nous paraît pas impossible qu'ils aient puisé cette connaissance dans quelque manuscrit, dans quelque tradition orientale, comme ils y avaient trouvé celle des clepsydres et des cadrans.»

On a également attribué la connaissance des propriétés du pendule à Juste Birge, suisse, né en 1552, et l'un des collaborateurs de Guillaume IV, landgrave de Hesse. Quelle que soit la part de la vérité dans ces différentes assertions, la gloire de Galilée n'en saurait être moindre. Il est constant que sans ses travaux, les propriétés du pendule fussent restées inconnues à l'humanité; c'est donc à lui que doit revenir l'honneur et la reconnaissance.

Galilée comprit tout le parti qu'on pouvait tirer du pendule pour la mesure du temps. Il s'en servit pour établir les lois de la chute des graves. Dans les expériences qu'il fit à cette occasion, il n'avait besoin, en effet, que de temps égaux ou qui fussent des multiples connus les uns des autres sans s'inquiéter de leur valeur absolue.

Le premier observateur qui fit usage du pendule pour évaluer un temps en fraction de jour paraît être un prêtre de Lyon appelé Mouton. Cet astronome avait en vue de mesurer le diamètre du soleil ; pour cela , il tendit deux fils à plomb dans le méridien et un troisième en dehors de ce plan. Cela étant, il commençait à compter les oscillations quand le soleil touchait par son premier bord le plan formé par le fil extra-méridien et l'un des deux autres, et continuait jusqu'à ce que ce bord arrivât au méridien. Par la trigonométrie, il calculait l'arc d'équateur compris dans cet intervalle et obtenait de la sorte la valeur de l'oscillation du pendule. Mouton trouva ainsi pour le diamètre minimum du soleil 31 ' et 31 " ou 32 ".

Ce nombre ne diffère pas d'une seconde de celui qui fut trouvé un siècle plus tard par Lalande, malgré les progrès que firent dans cet intervalle les méthodes d'observation.

On a voulu attribuer à Galilée l'application du pendule aux horloges. Viviani, qui avait publié sa vie en 1654, donna en 1659 un nouvel écrit intitulé : ***Histoire de l'horloge imaginée par Galilée, et réglée par le pendule***; mais on ne considère pas cette revendication du disciple comme suffisante. On doit penser, en effet, que si cette application du pendule avait été faite avant Huygens en Italie, elle ne serait pas restée vingt ans inconnue et sans usage. C'est donc bien à celui-ci qu'on doit rapporter le mérite de la découverte.

Huygens, qui n'est pas moins célèbre comme géomètre que comme astronome, était fils d'un conseiller de Hollande ; il naquit à Zuylichem en 1629. Dès 1656, c'est-à-dire à l'âge de 27 ans, il eut la pensée qu'on pouvait régler les horloges par le pendule, et, réalisant sans retard sa conception, il présenta l'année suivante cet instrument merveilleux aux Etats de Hollande, le 16 juin 1657.

Les horloges, telles qu'elles existent depuis cette époque, ne sont pas autre chose que des appareils où le mouvement d'un pendule est entretenu sans que l'isochronisme soit détruit, et où des aiguilles, se commandant l'une l'autre par l'intermédiaire de pignons et de roues dentées, enregistrent, sur des cadrans, le nombre des oscillations effectuées.

Huygens chercha quelle longueur il fallait donner au pendule pour que son oscillation fût d'une seconde ; il trouva 3 pieds, huit lignes et demie. Nous verrons plus loin comment il faut entendre ce chiffre pour qu'il ait une signification précise.

Quant au mécanisme, il est très-simple : le pendule battant la seconde porte deux palettes ou ancres. A chaque oscillation, l'une de ces palettes butte contre l'une des dents d'une roue qui s'appelle roue d'échappement et dont la rotation, que lui imprime le moteur, se trouve brusquement arrêtée ; à l'oscillation suivante, c'est la palette opposée qui entre en prise ; on voit qu'il faut deux oscillations pour qu'une dent de la roue d'échappement vienne prendre la place de la précédente ; si donc, par exemple, cette roue est munie de 30 dents et porte une aiguille, en face d'un cadran divisé en 60 parties, elle fera le tour complet en 60 oscillations et, par conséquent, l'aiguille marquera la seconde.

On conçoit aisément comment, par un système de roues dentées et de pignons, la roue d'échappement peut transmettre le mouvement à l'aiguille des minutes et à celle des heures,

On sait qu'un pendule abandonné à lui-même ne tarde pas à retomber en repos ; pour éviter cet inconvénient grave, Huygens recourut à l'artifice suivant : Les dents de la roue d'échappement sont taillées en biseau ou à peu près, il en est de même des palettes du pendule ; par cette disposition, quand la séparation de ces deux pièces se produit, il se fait un glissement avec pression sur la palette et la petite impulsion qui en résulte suffit pour entretenir le mouvement du pendule.

Huygens ne se borna pas à accepter de Galilée, comme un fait, le principe de l'isochronisme des oscillations ; il soumit la question au calcul en considérant la pesanteur comme une force constante. Il trouva par des procédés d'une extrême élégance, que l'égalité n'a lieu que pour une amplitude infiniment petite. Cela revient à dire que l'isochronisme n'existe jamais ; mais on voit en même temps que, pour de petits écarts, l'inégalité des oscillations est extrêmement faible.

Huygens, poussant plus loin ses investigations théoriques, chercha sur quelle courbe devrait se mouvoir le pendule pour que l'isochronisme se produise rigoureusement et il trouva que ce doit être sur un cycloïde.

Cette courbe célèbre, envisagée pour la première fois par le P. Mersenne et dont Pascal étudia les merveilleuses propriétés avec tant d'éclat, est celle qu'engendre un point d'une circonférence qui roule sans glisser sur une droite, fig. 6. Par exemple, les clous de la roue d'une voiture décrivent des cycloïdes.

Supposons une telle courbe tournant sa convexité vers le bas, fig. 7, et dont la base A A' soit horizontale; si des points matériels assujettis à se mouvoir dessus, sans frottement, sous la seule influence de la pesanteur, sont placés à différentes hauteurs en B, B', B"... ils arriveront ensemble au point M le plus bas, remonteront respectivement en vertu de leur vitesse acquise en des points symétriques des premiers B, B', B", qu'ils atteindront en même temps et continueront ces oscillations indéfiniment avec la concordance la plus complète. On conçoit qu'un pendule cycloïdal serait isochrone.

Les raisonnements précédents supposent, il est vrai, qu'il s'agit de pendule simple, c'est-à-dire d'une molécule pesante, portée à l'extrémité d'un fil inextensible et sans poids; de plus, on fait abstraction de la résistance de l'air; on peut dans la pratique se rapprocher de ce cas idéal en prenant un fil fin et suspendant à son extrémité une masse très lourde, telle qu'une lentille de métal qui coupe l'air par son bord mince et sur laquelle, en vertu de sa forme régulière, la pesanteur agit comme si toute la masse était concentrée à son centre; mais on n'aperçoit pas du premier coup le moyen de faire décrire une cycloïde au centre de la lentille. Ce problème a cependant été résolu par Huygens de la manière la plus élégante. Nous nous permettrons, à ce propos, une courte digression géométrique.

Soit une courbe plane quelconque A B, fig. 8, A M, un fil enroulé sur la courbe, si l'on déroule ce fil, chacun de ses points, M par exemple, décrit une nouvelle courbe particulière A' B' dont la forme dépend de celle de la première. Cette deuxième courbe A' B' s'appelle la développante de A B, qui, en retour, s'appelle la développée de A' B'. La géométrie enseigne le moyen de résoudre les deux questions suivantes :

1. Connaissant une courbe, trouver ses développantes.
2. Connaissant une courbe, trouver sa développée.

Huygens démontra que la développée d'une cycloïde est aussi une cycloïde égale à la première, mais orientée autrement. Si donc (fig. 9) on adapte en O, point de suspension du pendule, deux arcs o c, o c' de cycloïde convenablement disposés, le fil dans ses mouvements sera forcé de s'enrouler sur ces arcs et le centre de la masse pesante décrira une cycloïde.

Il était impossible de trouver une solution plus élégante et plus simple. Les divers résultats obtenus à cette occasion par Huygens et leurs démonstrations sont détaillés dans un ouvrage célèbre qui a pour titre *Horologium oscillatorium* et qui fut publié en 1673.

Cette indication théorique fut appliquée et réussit avec un plein succès; mais on ne tarda pas à reconnaître que l'addition des deux petits arcs de cycloïde provient d'un scrupule exagéré. Quand les oscillations restent petites, les arcs de cercle se confondent sensiblement avec ceux de la cycloïde et l'isochronisme est suffisant ; on est donc revenu au pendule ordinaire.

Peu de temps après l'invention d'Huygens, on s'aperçut que les nouvelles horloges étaient soumises à une cause d'erreur ; en 1669, Picard reconnut qu'il y a retard en été et avance en hiver. C'est un pur effet de la dilation. La durée de l'oscillation diminuant quand la longueur du pendule augmente, on eût dû songer dès le principe que cette durée devait varier avec la température ; mais alors sans doute cette source d'erreur parut devoir être négligée à cause de sa faiblesse.

On imagina, pour détruire cette cause d'inégalité, le pendule compensé dont tout le monde connait la disposition ; — en deux mots, la lentille pesante n'est pas suspendue à l'extrémité inférieure d'une verge unique, mais par l'intermédiaire de plusieurs tiges de métaux différents tellement agencées que quand l'allongement des unes tend à faire descendre la lentille, l'allongement des autres tend à la relever. On parvient ainsi à rendre invariable la distance qui existe entre le centre pesant et le point de suspension.

Les horloges ainsi construites sont telles qu'on les fait encore aujourd'hui, et leur marche peut être excellente. La pendule de temps moyen, de Bréguet, que possède l'Observatoire de Paris, ne varie dans toute une année que de quelques secondes, et cette variation étant régulière peut être mise en ligne de compte, de sorte que les indications ont une rigueur absolue.

Toutefois les meilleures horloges doivent être placées de manière à se trouver soustraites aux très brusques variations de température. Dans un mémoire présenté à l'Académie, le 20 septembre 1847, M. Laugier a fait observer, avec raison, qu'en vertu de l'inégale conductibilité des métaux, la compensation ne peut être instantanée. Il propose de donner aux tiges compensatrices des diamètres différents, selon leur pouvoir conducteur, et fait connaître d'après ses propres expériences les dimensions les plus favorables pour des métaux déterminés. — Il est à désirer que les horlogers tiennent compte actuellement de ces remarques.

Une horloge construite en un point du globe et y marchant avec régularité conserve-t-elle partout la même propriété ? Il n'en est rien. Une horloge faite à Paris, par exemple, retarde à l'équateur et avance dans les contrées voisines des pôles. Cette inégalité fut soupçonnée dès le principe. Picard parle de quelques expériences faites à Londres, à Lyon et à Bologne, d'où l'on pouvait conclure que les pendules doivent être plus courts à mesure qu'on s'avance vers l'équateur. Il disait à l'Académie : « Supposé le mouvement de la terre, les poids devraient descendre avec moins de force sous l'équateur que sous les pôles. » Descartes avait montré que tout mouvement de rotation produit une force centrifuge ; pour la terre, cette force, nulle aux pôles, acquiert sa valeur maximum à l'équateur; l'intensité de la pesanteur doit donc diminuer avec la latitude. Toutefois, cette vérité indiquée par la théorie semblait contredite par l'expérience. La longueur du pendule avait été mesurée à Montpellier, à La Haye, à Uranibourg, l'ancien observatoire de Tycho-Brohé, et partout on avait trouvé la même valeur qu'à Paris. L'Académie ne prit pas de décision ; la théorie était encore vague et l'on se défiait de la précision des expériences ; on comprit qu'il fallait attendre que des voyages vinssent éclairer la question.

La preuve se présenta en 1672, lors de l'expédition que Richer fit à Cayenne. Il trouva qu'en ce point, son horloge retardait de 2 minutes 28 secondes, et pour amener le pendule à battre la seconde, on fut obligé de le raccourcir de 1 ligne et un quart. Cette expérience si décisive, qui dura dix mois entiers, fut corroborée lors du retour à Paris où l'on reconnut que, pour obtenir la seconde, il fallait rendre au pendule sa longueur première.

Restait à savoir si la variation dans la longueur du pendule tient seulement à la force centrifuge. Ce point fut éclairci lors du voyage au Pérou des trois académiciens Bouguer, De La Condamine et Godin dont le but princi-

3

pal était de mesurer un arc de méridien. Bouguer trouva que la longueur du pendule diminue plus qu'elle ne devrait faire en raison de la force centrifuge. Cela tient en partie à ce que la terre n'est pas homogène, puis aussi à ce que le sphéroïde terrestre est renflé à l'équateur. La longueur du pendule fut mesurée au bord de la mer, à Quito, dont la hauteur est de 1,466 toises, puis sur le sommet du Pichincha dont l'élévation atteint 2,434 toises; or, à Quito, il fallut raccourcir le pendule de 33 centièmes de ligne et augmenter, à la troisième station, le raccourcissement de 19 centièmes de ligne.

Ainsi donc quand on parle de la longueur du pendule, il faut entendre que le nombre est relatif à une latitude et à une hauteur déterminées; le nombre donné par Huygens convient à Paris seulement; il n'a d'ailleurs qu'une médiocre approximation. La longueur exacte, pour Paris, a été trouvée par Borda, au moyen de sa belle méthode des coïncidences et en faisant toutes corrections prescrites par la théorie. Ce nombre est de $0^m,993,977$.

Le moteur des horloges n'est pas toujours un poids. On fait aussi et depuis fort longtemps usage de la traction d'un ressort.

Après avoir parlé des roues qui s'entraînent l'une par l'autre et qui sont évidemment des roues dentées, Aristote ajoute que les ouvriers font une mécanique où le principe est caché afin que l'effet seul du mécanisme soit apparent et que la cause reste latente.

De même, dans la description donnée par Claudien d'une machine uranographique d'Archimède, le moteur est désigné sous le nom d'*esprit renfermé*.

Ce principe caché, cet esprit renfermé sont évidemment des ressorts.

Tel qu'il est employé de nos jours, le ressort est une lame mince d'acier trempé contournée en spirale et enfermée dans un tambour ou barillet. L'une de ses extrémités est liée à l'arbre fixe, l'autre au tambour ; de sorte que, quand on tourne celui-ci sur lui-même, l'élasticité du ressort tend à la ramener à sa première position. Une roue dentée portée par le barillet communique le mouvement à toutes les autres.

L'inventeur de cet appareil n'est pas connu.

On complète le ressort par un petit organe très-ingénieux et dont l'origine est également incertaine, la fusée. L'effort du ressort n'est pas le même pendant toute la durée de sa détente ; sa force va en diminuant. Pour remédier à cet inconvénient, au lieu de faire agir directement le tambour sur le rouage, on place comme intermédiaire la fusée. Celle-ci se compose d'une petite pièce conique pouvant tourner sur elle-même et dont la surface présente une rainure hélicoïdale où s'engage une corde ou une chaîne dont l'autre bout s'enroule sur le tambour.

Quand le ressort est complètement tendu, la chaîne est entièrement enroulée sur la fusée, de sorte que celle-ci reçoit l'effort par sa petite circonférence. A mesure que le ressort se détend, il agit par un plus grand bras de levier et les dimensions sont calculées de telle sorte qu'il y a compensation.

DES MONTRES PORTATIVES ET DU RESSORT SPIRAL.

Les horloges à pendule ont le défaut de ne pas être transportables et d'occuper un volume considérable. La substitution du ressort au poids qui exige une hauteur de chute assez grande permet, il est vrai, de diminuer la tige du pendule et même d'opérer cette réduction dans une proportion considérable, puisque les longueurs décroissent comme les carrés des temps des oscillations. Ainsi, le pendule qui bat la demi-seconde est le quart seulement de celui qui bat la seconde entière. Mais la condition de fixité subsiste toujours ; et pour une foule d'usages, c'est là un empêchement absolu.

Non seulement il était à souhaiter que l'on eût, pour la commodité des particuliers, de petits appareils portatifs ; mais bientôt la marine comprit tout le parti qu'elle pourrait tirer d'une bonne horloge installée à bord et donnant, à chaque instant, l'heure d'un lieu déterminé.

Hadley (1), avait inventé le sextant. Avec cet instrument qui permet de mesurer la hauteur d'un objet au dessus de l'horizon, les marins peuvent, chaque jour, très-simplement, calculer la latitude du point où ils se trouvent et l'heure moyenne du même lieu à un instant déterminé. Si donc on peut savoir quelle est, au même moment, l'heure de Paris, par exemple, la longitude s'en déduit et la position du bâtiment sur le globe se trouve complètement déterminée.

On eut de bonne heure l'idée d'exécuter des appareils portatifs. Derham dit avoir vu une montre qui avait appartenu à Henri VIII, roi d'Angleterre ; mais ces premiers essais furent bien imparfaits On employait un ressort comme moteur et la rotation du rouage était périodiquement arrêtée, comme dans les premières horloges, par les palettes d'un balancier, dont l'amplitude et la vitesse dépendaient de l'impulsion que lui communiquait la force motrice. Vers l'année 1674, on imagina de rendre les oscillations du balancier isochrones. Ce résultat, qui peut être comparé par son importance à la découverte de Huygens, s'obtient par l'addition au balancier du *ressort spiral*. Cette pièce se compose d'une lame d'acier mince tournée en hélice cylindrique, fixée par l'un de ses bouts et portant à l'autre un anneau d'un diamètre plus grand et d'une masse relativement considérable. Si l'on écarte ce balancier de sa position d'équilibre, il tend à y revenir par une suite d'oscillations d'égale durée, à la manière du pendule ; il

(1) Newton semble avoir eu l'idée des instruments à réflexion.

peut donc, comme lui, servir à régler un rouage; et, comme il effectue ses mouvements avec la même facilité dans un plan quelconque, le système tout entier peut être déplacé sans inconvénient, pourvu qu'on ne lui imprime pas une forte secousse.

On a attribué la découverte du balancier à Pierre Leroy, horloger à Paris; mais Thomas Reid (*Encyclopédie* du docteur Brewster) la réclame pour l'Angleterre, en se fondant sur ce passage de Mudge :

« Le pendule ou balancier à ressort, d'après les principes physiques, fait que le balancier exécute les petites et les grandes vibrations dans des temps égaux. Cela avait été dit par Rook cent ans auparavant. » Mudge écrivait en 1763.

Pierre Leroy n'a pas prétendu à l'idée première, mais il réclame la priorité pour la construction du balancier vraiment précis. Il a fait voir qu'un ressort d'une épaisseur donnée n'est isochrone que quand on lui donne une certaine longueur; que si, au contraire, la longueur reste fixe, il faut faire varier l'épaisseur. Leroy et Berthoud construisirent ainsi d'excellentes montres marines pouvant donner la longitude, à moins d'un demi-degré, dans un intervalle de six semaines. Le premier de ces deux artistes reçut même un prix de l'Académie, en récompense de ses travaux.

L'importance d'un moyen facile pour obtenir la longitude avait été comprise longtemps avant cette époque. Philippe III, d'Espagne, qui monta sur le trône en 1598, avait proposé un prix pour celui qui en ferait la découverte; cet exemple fut bientôt suivi par les Etats de Hollande. Enfin, en 1714, le Parlement anglais passa un acte par lequel il assurait 200,000 livres sterlings à celui qui donnerait un moyen sûr pour obtenir la longitude sur mer, à un demi-degré près. Sully, artiste anglais, établi à Paris, fit un essai en 1726, mais sans succès. Harrisson, son compatriote, et d'abord simple charpentier, se livra à la même recherche et y employa quarante ans. Sa réussite fut aussi complète qu'on pouvait l'espérer. Il présenta une montre en 1761 et elle fut embarquée sur un bateau qui partait pour la Jamaïque. Rapportée en Angleterre, après 147 jours de mer, la montre n'avait varié que d'une minute, cinquante-sept secondes. Un demi-degré répondant à deux minutes de temps, Harrisson réclama le prix. Le Parlement exigea une nouvelle éprenve. La montre fut donc embarquée une seconde fois et transportée en Amérique ; au retour, après 156 jours, elle n'avait varié que de 54 secondes. Harrisson reçut 100,000 livres sterlings, c'est-à-dire, la moitié de la récompense promise. Les principes du constructeur anglais étaient encore inconnus quand Leroy et Berthoud présentèrent leurs montres au public.

Depuis cette époque, les montres marines ont été bien perfectionnées ; et les amériorations ont surtout porté sur la pièce d'échappement, qui sert de lien entre le rouage et le régulateur. Plusieurs procédés sont en usage; on emploie les échappements à verge, à ancre, à cylindre, qui ont leurs avantages, selon le soin général que l'on veut donner à la montre. Il ne peut entrer dans notre plan de décrire ces divers mécanismes ; nous nous bornerons à dire que, quand il s'agit d'une montre de précision, d'un chronomètre, comme on dit de nos jours, il faut que le moteur n'exerce aucune action directe sur le régulateur. L'échappement libre est de tous celui qui réalise le mieux cette condition. Imaginé par Dutertre ou Thiou, il a été perfectionné par Leroy, puis enfin par Bréguet.

On fait actuellement en France et en Angleterre d'excellents chronomètres, où la compensation est à peu près parfaite, aussi bien que l'exécution des différentes pièces. Entre autres instruments de cette nature, nous avions emporté en Cochinchine, à l'occasion de l'éclipse de 1868, le chronomètre 484 Winnerl ; il n'a pas varié d'une seconde en un mois.

Mais cette invariabilité est tout à fait accidentelle; elle n'est même pas nécessaire. Ce qu'il faut c'est une marche régulière. Quand on sait quelle est l'avance ou le retard d'une montre, durant un temps donné, et que cette montre reste la même, peu importe qu'elle en est la valeur absolue.

Dans ces dernières années, Messieurs Phillips et Yvon Villasceau ont soumis au calcul la question du spiral, et fait connaitre, en divers mémoires, les régles théoriques qu'il faut suivre pour obtenir une compensation et un isochronisme parfaits. Il est à souhaiter que dans l'avenir les constructeurs tiennent compte de leurs conclusions.

En dehors de l'astronomie et de la marine, qui réclament des instruments exceptionnels, l'art de l'horlogerie appliquée aux besoins civils, a pris une extension considérable. La fantaisie se joignant avec l'art, on a varié de la façon la plus ingénieuse, et souvent la plus élégante, le jeu des appareils chronométriques. Nous citerons, pour terminer ce chapitre, un mécanisme qui figurait à l'Exposition universelle de 1865, sous le nom d'*horloge magique* et qui intrigua fort les visiteurs.

Un cadran de cristal, supporté par un pied assez gracieux, était gradué en heures et en minutes, à la manière ordinaire. Deux aiguilles montées, à frottement doux, sur un petit axe, implanté au centre du cadran, effectuaient leurs révolutions en tournant autour de cet axe de façon à indiquer le temps. Aucune autre pièce n'était apparente ; on pouvait même retirer les aiguilles et s'assurer qu'aucune liaison n'existait entre elles et un rouage caché dans l'intérieur du support.

Pour bien comprendre l'artifice sur lequel était basée la construction de cette horloge, nous rappellerons qu'on nomme centre de gravité d'un corps, le point où il faut suspendre ce corps pour qu'il soit en équilibre. Suspendu par tout autre point, le corps tourne jusqu'à ce que le centre de gravité se place le plus bas possible.

La mécanique enseigne à trouver le centre de gravité du système de plusieurs corps, quand on connaît la position de ce point pour chacun d'eux. — Ainsi, par exemple, si l'on a en A et en B, fig. 10, deux poids différents, P et P', qu'on suppose attachés par une verge inflexible et dénuée de pesanteur, le centre de gravité est placé sur la verge en C, de manière que celle-ci soit divisée dans le rapport inverse des poids. — En outre, il est aisé de montrer par la géométrie que si on laisse fixe l'un des poids, A, par exemple, et qu'on fasse décrire à B une circonférence, le centre de gravité décrit aussi un cercle ayant son centre sur A B.

Cela étant admis, il est facile d'expliquer le mouvement des aiguilles. Chacune d'elles (fig. 4) est terminée à l'une de ses extrémités par une pointe lestée en forme de fer de flèche, et porte à l'autre un anneau à l'intérieur duquel est creusée une rainure où peut se mouvoir une petite balle de plomb qui fait un tour complet sous l'influence d'un mouvement d'horlogerie de petites dimensions. On voit que le centre de gravité de l'aiguille varie à chaque instant, et décrit une petite circonférence. Si donc on suspend l'aiguille par le centre de cette circonférence, comme le centre de gravité tend à se placer le plus bas possible, l'aiguille fera un tour complet sur elle-même dans le même temps que la balle mettra à parcourir la rainure.

Quant à masquer un faible mouvement d'horlogerie dans l'anneau, cela ne présente aucune difficulté.

CHAPITRE III

Du Pendule conique.

Il y a vingt-cinq ans, nous n'aurions rien eu à ajouter aux chapitres qui précèdent ; depuis Huygens jusqu'à cette époque, en exceptant toutefois l'invention du ressort spiral, aucune idée nouvelle fondamentale ne s'était produite touchant l'horlogerie ; les procédés s'étaient perfectionnés, les mécanismes simplifiés, quelques détails avaient été heureusement transformés ; mais il ne s'était présenté à l'esprit de personne qu'on pût établir une bonne horloge sans employer l'un des deux régulateurs dont nous avons parlé.

Les appareils chronométriques d'Huygens et de ses imitateurs sont loin cependant de répondre à toutes les exigences des sciences appliquées. Parfaits pour mesurer le temps, ils sont insuffisants pour produire un mouvement régulier comme ceux dont la nature nous offre des exemples. Ceux-ci, en effet, sont continus ; ceux des horloges sont accélérés et périodiquement interrompus. Ces intermittences, nous le répétons, loin d'être un défaut pour l'évaluation, doivent être considérées comme un avantage ; leur rhythme régulier produit chez l'observateur une sorte de cadence intérieure qui précise la durée de la seconde et la lui imprime dans la pensée ; de telle sorte que, tout en continuant à compter presque machinalement, l'astronome peut lire, écrire, parler, porter enfin toute son attention sur le point qu'il examine. Mais, d'un autre côté, il se présente en physique et en astronomie une foule de cas où l'on cherche à produire un mouvement aussi uniforme que possible. Nous citerons comme exemples les machines parallactiques et les héliostats.

Chacun sait que les étoiles semblent décrire en 24 heures autour de l'axe du monde des cercles dont les plans lui sont perpendiculaires. Ce mouvement est insensible à l'œil à cause de sa lenteur; mais si l'on regarde le ciel avec une lunette un peu grossissante, la vitesse apparente du mouvement se trouve augmentée et les images des astres traversent le champ avec une rapidité d'autant plus grande que le grossissement est plus fort. Une machine parallactique a pour but de donner à la lunette un mouvement de rotation pareil à celui de l'étoile, de sorte que cette dernière paraisse immobile. Si l'on emploie pour produire cet effet un mécanisme à saccade, l'image semblera animée de vibrations continuelles, deviendra diffuse et tous les détails disparaîtront.

Il en sera de même pour l'héliostat dans lequel un miroir, tournant avec le soleil, doit renvoyer l'image de celui-ci dans une direction fixe.

On doit ajouter aux considérations qui précèdent, qu'il est presque impossible de faire effectuer un travail mécanique aux appareils chronométriques ordinaires.

Plusieurs tentatives furent faites pour obtenir un mouvement uniforme sans interruptions; mais toutes les solutions étaient ou grossières ou trop délicates. Il faut ranger parmi ces dernières l'ingénieuse disposition que Gambey sut adapter au petit équatorial qu'il construisit pour l'Observatoire de Paris. Le mécanisme fonctionne bien, mais la solution est tout à fait indirecte, fort dispendieuse et il faut songer aujourd'hui non plus à diriger un appareil léger, mais des masses énormes, avec des frottements considérables, des lunettes comme le grand télescope de Marseille qui pèse mille kilogrammes.

Ce difficile problème fut résolu de la manière la plus

satisfaisante par Foucault, l'illustre inventeur des miroirs télescopiques retouchés, des expériences sur la rotation de la terre, sur la vitesse de la lumière, l'auteur du gyroscope, etc....

Le 26 juillet 1847, il présentait à l'Académie des sciences un régulateur à pendule conique dont nous donnerons tout à l'heure la description.

Le pendule conique n'avait pas échappé aux investigations d'Huygens, qui l'appelait *pendule circulaire* ou *à pirouette*. Ce géomètre reconnut que, par la disposition naturelle d'un point pesant porté par un fil, c'est-à-dire quand ce point pesant se meut sur une sphère, les révolutions ne sont pas d'égale durée. Alors Huygens chercha par le calcul quelle est la surface sur laquelle devrait se mouvoir le point pour que l'isochronisme fût complet et il trouva un paraboloïde de révolution; c'est-à-dire la surface engendrée par une parabole qui tournerait autour de son axe.

Pour réaliser un pareil mouvement, Huygens usa d'un artifice analogue à celui qu'il avait employé déjà pour son pendule cycloïdal.

Il place sur le côté d'une tige verticale servant d'axe, une plaque ayant pour profil une développée de parabole et attache l'extrémité de la tige du pendule à ce profil par un fil ou une lame mince. Par suite de cette disposition, quand le mouvement de rotation est nul, le pendule décrit une parabole; donc si l'on imprime la rotation, il se déplace sur un paraboloïde.

Quelque ingénieuse que fût cette disposition, le pendule conique ne fut d'une application sérieuse ni pour Huygens ni pour ceux qui vinrent après lui.

Au début de son mémoire, Foucault examine quelles sont les causes qui ont fait proscrire l'emploi du régulateur circulaire et donne les suivantes :

D'abord le pendule ordinaire, qui est plus simple, suffit

à la plupart des cas ; en horlogerie proprement dite, il atteint pleinement le but.

En second lieu, la suspension du pendule conique présente de sérieuses difficultés.

En troisième lieu, on ne voit pas du premier coup quel doit être l'organe, analogue à l'échappement, qui servira d'intermédiaire entre le régulateur et le rouage.

Enfin, il est très-difficile de conserver au pendule un mouvement circulaire.

Voici maintenant comment il pose sa solution :

Pour que la tige d'un pendule décrive une surface conique, il faut et il suffit qu'elle oscille autour d'un point dans deux plans rectangulaires. — La suspension de Cardan semble satisfaire à ces conditions, surtout quand on la compose avec des couteaux, comme pour les fléaux de balance, mais elle est difficile à exécuter avec précision. Foucault a préféré recourir à un autre mode qui n'est pas sans analogie avec la suspension de Cardan, mais qui est plus simple et plus facile à réaliser. Le dernier axe du rouage, placé verticalement au dessus du point de suspension, porte à son extrémité inférieure, laissée libre, une sorte de doigt qui presse sur l'extrémité de la tige prolongée à dessein. Il résulte de là un frottement d'une nature particulière qui semblerait s'opposer à ce que le pendule décrive un cône et qui au contraire, l'expérience le prouve, contribue à la régularité du mouvement

Ainsi, par exemple, si l'on trouble volontairement la marche du système, la révolution circulaire se rétablit peu à peu spontanément.

La tige se prolonge au dessous des poids et ce prolongement tourne autour d'un plateau circulaire contre lequel il vient s'appuyer quand le pendule s'arrête. De cette façon, il n'y a pas à redouter qu'au repos, la position en portant à faux n'altère quelque pièce et, en outre, le plateau peut être utilisé pour lancer le pendule quand on veut le mettre en mouvement.

Dans la même séance, Arago mit sous les yeux de l'Académie un appareil de M. Bréguet où le régulateur est aussi un pendule conique.

A la même occasion, M. Poncelet cita un appareil dont la description fut déposée sous pli cacheté, au commencement de 1847, par M. Pecqueur.

En outre, comme chaque découverte fait naître des réclamations, on trouve dans le compte rendu de la séance suivante une note où M. Winnerl annonce que 24 ans auparavant il a vu à Breslau, chez le directeur de l'Observatoire, un compteur construit à Munich chez Utschneider et dont l'appareil régulateur se rapprochait beaucoup de celui de Foucault.

M. Sainte-Preuve rappelle à son tour les horloges à pendule conique construites par Kinzing. Il ajoute que l'emploi de ce mécanisme, connu des anciens horlogers de Paris, est discuté dans l'ouvrage de M. Moinet. Il rappelle aussi les régulateurs dont le jeu n'admet aucun pendule proprement dit et dans lesquels on emploie non la pesanteur, mais l'élasticité pour régler le mouvement.

Enfin M. P. Garnier cite le pendule d'Ingold.

Ces réclamations ne peuvent pas combattre une prétention de priorité de la part de Foucault, puisque l'idée première est d'Huygens ; elles ne prouvent qu'une chose, l'inhabileté des personnes mises en cause ou du moins l'insuffisance de leurs appareils, puisque ceux-ci n'ont pas été adoptés.

Il n'en est pas de même du pendule Foucault qui marche avec une complète régularité et peut effectuer un travail mécanique sérieux ; l'imitation qu'on en a faite depuis pour l'horlogerie prouve son isochronisme ; du reste, ce n'était là pour lui qu'un premier pas. Son génie, amoureux de la précision, de l'élégance et de la simplicité ne savait pas se contenter du bien, il lui fallait le mieux qu'il atteignait toujours.

Ce premier appareil fut bientôt suivi d'un second, puis d'un troisième.

On connaît l'application que Watt fit du pendule conique aux machines à vapeur, pour régler l'introduction de la vapeur dans les tiroirs. Le principe est très-simple. L'angle d'écart des boules croissant avec la vitesse de rotation, si celle-ci augmente, les boules s'élèvent, agissent sur une pièce qui diminue l'orifice d'introduction de la vapeur et la machine se règle d'elle-même. Théoriquement, la disposition semble excellente, mais dans la pratique il n'en est pas ainsi ; le régulateur est paresseux ; il ne fonctionne que quand l'augmentation de la vitesse est devenue assez notable et la diminution n'a lieu qu'au bout d'un certain temps. Foucault entreprit de perfectionner le pendule de Watt, de manière à en faire un appareil de précision. Nous avons dit que la vitesse dépend de l'angle d'écart des tiges qui portent les boules. Foucault imagina de faire agir de haut en bas sur le manchon auquel viennent aboutir les deux tiges terminant le parallélogramme et qui glisse sur l'axe vertical l'une des extrémités d'un levier coudé portant à l'autre un poids convenablement calculé. On peut en effet disposer de la longueur relative des bras et de la valeur du contrepoids de manière à rendre la vitesse de rotation indépendante de l'angle d'écart.

Dans ces conditions, le pendule n'est susceptible que d'une seule vitesse ; et, quand le régime convenable sera établi, le moindre changement en plus ou en moins forcera les boules à s'élever le plus haut possible ou à s'abaisser jusqu'au contact de l'axe. En d'autres termes, abstraction faite des frottements, le régulateur devient d'une sensibilité infinie.

Restait à donner au pendule la force nécessaire pour imposer cette vitesse convenable à la machine qu'il doit conduire et lui communiquer son uniformité. Pour cela, Foucault lui annexa une petite turbine à air dont les ouvertures extérieures peuvent être plus ou moins masquées par suite du mouvement des boules qui agissent sur un levier convenablement disposé. Le ventilateur, consommant plus ou moins du travail produit par le moteur, emmagasine ou restitue la force vive selon qu'il est nécessaire quand la machine dont on veut régler le mouvement, tend à s'emporter ou à ralentir. « De là, dit M. Bertrand en décrivant l'appareil, une résistance qui, croissant aussi rapidement que l'on veut, surveille, pour ainsi dire, la vitesse avec une continuelle vigilance, la gouverne par des efforts toujours efficaces tant qu'ils ne sont pas poussés à l'extrême et témoigne de sa constance en conservant les boules entre les limites d'écartement arbitrairement fixées. Lorsque l'une des limites est atteinte, l'appareil abdique et l'on est avisé de son impuissance ; mais jusque là le remède précède le mal, la résistance n'attend pas pour s'accroître que le changement de vitesse se soit produit, et la machine qui semble douée d'une prévoyance instinctive, se raidit, se relâche avec une admirable souplesse pour soulager la puissance motrice ou la tenir en bride en lui mesurant la résistance avec la plus précise exactitude. »

Habilement secondé par M. Eichens, à qui nous devons en France tous les grands instruments modernes d'astronomie, Foucault fit successivement et avec un plein succès plusieurs applications importantes du dernier régulateur.

En premier lieu, on en fit usage pour conduire le grand équatorial qui venait d'être établi sur la tour de l'ouest à l'Observatoire de Paris ; depuis lors, on n'a eu qu'à se louer de son emploi, bien que ses organes soient un peu faibles eu égard à la masse considérable de la lunette.

Vers la même époque, Foucault s'occupait de la vitesse de la lumière. Nous rappelons que malgré l'extrême rapidité avec laquelle la lumière se propage, Arago avait proposé une expérience destinée à rendre sensible, à la surface de la terre, la durée de cette propagation : mais jusqu'alors l'expérience était restée irréalisable. Un rayon de lumière devait être réfléchi successivement par deux miroirs tournant avec une vitesse de 1,000 tours par seconde, puis saisi par l'observateur après sa dernière réflexion. L'appareil avait été monté et douze ans s'étaient écoulés sans qu'on eût pu apercevoir ce rayon hypothétique. Non seulement Foucault rendit l'expérience possible et même facile en forçant le rayon à prendre une direction fixe, mais il disposa son appareil de manière à pouvoir mesurer le déplacement de l'onde lumineuse auquel il assigna la vitesse de 72,500 lieues par seconde. Ce nombre, notablement plus faible que celui qu'admettaient auparavant les physiciens, concordait d'ailleurs avec les récentes discussions auxquelles on a soumis les observations et en vertu desquelles les astronomes les plus autorisés sont tombés d'accord pour diminuer d'un million de lieues la distance de la terre au soleil. Citer ce résultat, c'est faire l'éloge le plus frappant du régulateur qui a permis de l'obtenir.

Une troisième et décisive épreuve a été faite à l'occasion du grand télescope de Marseille dont le miroir, de 80 centimètres de diamêtre, est également dû à Foucault. La monture équatoriale de cet instrument est en bois. Un énorme plateau circulaire, qui supporte par des montants perpendiculaires le corps de la lunette et le miroir, tourne au-dessus d'une plateforme d'égales dimensions sur laquelle il repose par des galets. Or, quelque soin qu'on ait apporté à la construction, il s'est produit avec le temps un travail de la matière qui rend la rotation inégalement facile pour diverses positions. Malgré ces conditions éminemment défavorables, le régulateur fonctionne à souhait. Si l'on pointe la lunette vers une étoile, elle la suit avec la régularité la plus complète. On peut, comme preuve, bissecter l'astre par l'un des fils d'araignée du micromètre et l'on constate, au bout d'un temps assez long, que la bissection n'a pas cessé. Il y a plus, on peut exercer sur l'instrument un certain effort pour le pousser en avant; mais l'instrument semble se raidir contre la pression qu'il supporte et continue son mouvement avec la même vitesse. L'effet inverse se produit quand on cherche à le retenir (1).

Le régulateur Foucault n'est pas seulement applicable aux instruments de précision dont l'importance est grande mais dont le nombre est restreint. L'industrie s'est empressée de l'employer. Dès le début, la fonderie de Fourchambault, l'usine de M. Sautters, constructeur de phares, et la maison Cail l'ont adopté pour leurs machines. Ici, le ventilateur peut être supprimé, le mouvement des boules règle directement et seul l'admission de la vapeur. On peut arrêter brusquement le travail; les boules s'agitent un instant; mais la machine continue sa rotation avec la même régularité. Dans une usine, le régulateur fait marcher en même temps le mouvement d'horlogerie qui détermine l'entrée et la sortie des ateliers.

Malgré le succès de l'appareil qui vient d'être décrit, Foucault n'a point été complètement satisfait de ce premier perfectionnement. Par une heureuse transformation, il a su rendre son régulateur à la fois plus simple et d'un emploi plus général.

Si l'on suppose un point matériel dépourvu de pesanteur et mobile sur une droite qui tourne autour d'un centre, dans un plan, avec une vitesse uniforme, le point matériel décrit dans le plan une spirale logarithmique et

(1) Nous donnons à la figure 12 le dessin du régulateur de Marseille.

à chaque instant la force qui tend à l'écarter du centre est proportionnelle à la distance qui l'en sépare. C'est cette considération théorique qui conduisit Foucault à l'idée de son troisième et dernier appareil. Il diffère peu en apparence du précédent.

Ici le manchon auquel sont attachées les tiges qui portent les boules, fig. 13, peut glisser librement sur l'axe vertical et c'est le sommet opposé du parallélogramme qui est fixe. Par cette disposition, les boules sont soustraites à l'action de la pesanteur puisqu'elles ne peuvent plus se mouvoir que dans un même plan. On démontre alors aisément que, pour que le cercle qu'elles parcourent le soit toujours dans le même temps, il faut qu'elles soient sollicitées par une force centripète proportionnelle à leur distance à l'axe. Cette condition est remplie à l'aide des ressorts à boudin dont l'effort est aussi proportionnel à la même distance. On pourrait, comme pour le précédent, faire agir le pendule sur un ventilateur ; mais Foucault a remplacé cet organe par des ailettes tournantes, de forme à peu près triangulaire, sur lesquelles l'air a d'autant plus d'action que les boules sont plus écartées. Le grand avantage de ce dernier appareil, c'est qu'il peut fonctionner dans une position quelconque. La pesanteur n'ayant plus d'effet, l'axe de rotation n'a plus besoin d'être vertical. De là la possibilité de monter directement le régulateur sur l'arbre d'une machine. Foucault avait alors spécialement en vue les bateaux à hélice. Il arrive, en effet, que quand, par l'impulsion d'une lame, l'arrière du navire sort de l'eau, l'hélice n'éprouvant plus de résistance est lancée avec une telle vitesse qu'au moment où elle plonge de nouveau, le choc peut en briser les ailes. Ce danger serait complètement évité par l'emploi du régulateur.

On construit actuellement à Paris, pour l'Observatoire

de Marseille, une lunette équatoriale de neuf pouces d'ouverture. Cet instrument sera muni d'un mouvement d'horlogerie du dernier modèle.

CHAPITRE IV

De l'application de l'électricité à l'horlogerie.

Du jour où Weatstone eut appliqué l'électricité à la transmission des signaux, l'idée vint à tout le monde d'employer le même agent pour faire fonctionner à distance un mécanisme d'horlogerie, d'après une horloge-type, chargée de lui distribuer les émissions de courant. Ce qui rendait cette pensée séduisante, c'était la possibilité d'avoir des cadrans à bon marché, répartis sur un circuit de longueur quelconque et indiquant tous rigoureusement la même heure.

Chacun connaît la propriété que possède un barreau de fer doux de s'émanter instantanément quand un fil métallique, qui l'environne sans le toucher d'un grand nombre de spires, est traversé par un courant électrique. Cette pièce, qui est la principale dans tous les appareils de télégraphie électrique, porte le nom d'électro-aimant.

Il suffit d'avoir rappelé cette propriété du fer doux pour que l'on imagine une disposition capable de faire marcher un cadran. Supposons, par exemple, qu'on dispose en face d'un électro-aimant un morceau de fer doux porté par la tige d'un balancier ; si une horloge-type lance à chaque seconde le courant dans le circuit, au même instant le balancier sera attiré et, s'il porte une fourchette pouvant agir sur les dents d'une roue, ainsi que dans les appareils télégraphiques à cadran, cette roue pourra faire un tour complet en une minute et conduire tout un rouage.

Les premières horloges électriques furent construites par M. Wheatstone d'abord et par M. Bain ensuite, dès 1840.

Les essais qui vinrent à la suite des travaux de Weatstone furent nombreux ; nous citerons seulement ceux qui présentent quelque caractère original.

En 1848, M. Glœsener, professeur de physique à l'Université de Liége, proposait à l'Académie une horloge électrique, fonctionnant sans l'intervention d'une pile et capable, par conséquent, dans la pensée de son auteur, de marcher indéfiniment avec l'horloge motrice sans qu'on eût besoin de s'en inquiéter.

On sait que si l'on introduit un aimant naturel ou artificiel à l'intérieur d'une bobine creuse, dont la surface extérieure est recouverte d'un fil métallique qui la contourne d'un grand nombre de spires isolées les unes des autres, il se produit un courant dans le fil au moment où l'aimant est introduit et un courant de sens contraire au moment où on le retire. L'expérience peut être faite autrement. Si les deux branches d'un aimant en fer à cheval sont recouvertes de deux électro-bobines garnies du même fil et isolées, il se produit un courant au moment où l'on réunit les deux pôles par une armature de fer doux et un second quand on enlève cette armature.

C'est d'après ce principe que fonctionnait l'appareil de M. Glœsener, avec cette particularité que l'armature était fixée à l'un des pôles de l'aimant par une charnière. L'auteur avait remarqué que, par suite de cette disposition, l'effort nécessaire pour séparer le contact se trouvait considérablement diminué, sans que l'intensité du courant fût notablement affaiblie.

La pendule motrice avait été disposée de manière qu'au moment où une dent échappait, la roue d'échappement rompait brusquement le contact; le courant se produisait et allait animer les divers cadrans placés sur le circuit.

En 1849, l'application de l'électricité à l'horlogerie fut faite sur une grande échelle. M. Garnier établit des cadrans sur toute la longueur du chemin de l'Ouest. Malheureusement, les résultats n'ont pas tout à fait répondu à l'attente et nous verrons pourquoi tout à l'heure.

La même année, M. Wagner annonçait un régulateur électrique non saccadé.

Tous ces procédés ont le même point de départ, ils ne varient que par les détails et sont passibles des mêmes critiques fondamentales que M. Bréguet énonçait le 23 novembre 1867. Lui-même était l'auteur d'un système qui, de tous, lui paraissait le moins mauvais et dont voici la description succincte.

Deux électro-aimants sont placés en regard, de manière que les pôles qui se regardent soient de noms contraires. Ils sont traversés par le même courant. Entre les pôles est placée une armature en acier aimanté qui oscille, à chaque minute, par l'inversion du courant et transmet le mouvement à la minuterie.

M. Bréguet observe qu'un système d'horloges électriques se compose, outre les cadrans :

1° D'une pile;

2° D'un conducteur métallique isolé, mettant toutes les horloges en communication avec la pile;

3° D'un régulateur destiné à envoyer périodiquement le courant.

Le système de M. Bréguet, comme tous les autres, marche bien tant qu'il n'y a de dérangements ni dans la pile, ni dans le conducteur, ni dans le régulateur; mais ces dérangements sont inévitables; ou bien la puissance de la pile devient trop faible au bout d'un certain temps, ou les contacts se produisent mal, ou bien encore l'isolement cesse d'exister. Et dès qu'une de ces causes perturbatrices se produit, il y a des secondes ou des minutes passées, ce qui rompt le synchronisme.

Pour remédier à cet inconvénient, M. Bréguet proposait de substituer, aux simples cadrans, des horloges ordinaires capables de fonctionner à peu près bien par elles-mêmes et de faire intervenir seulement l'électricité pour rétablir le synchronisme à des intervalles déterminés. De cette façon, si l'action électrique vient à manquer, l'horloge n'en continue pas moins sa marche et l'écart qu'elle présente n'est jamais considérable. M. Bréguet décrivait en même temps un mécanisme dont la mise en œuvre avait pour effet, à midi et à minuit, de replacer les aiguilles de toutes les horloges exactement dans la verticale.

Cette idée très-juste, de ne faire intervenir l'électricité que pour la remise à l'heure, avait déjà été énoncée à Londres et à Munich par plusieurs physiciens; en France, M. Mouilleron avait combiné les deux systèmes d'horloges mues et réglées par l'électricité. Elles constituaient un progrès réel, mais non encore la vraie solution.

Cette dernière fut traitée par M. Vérité et décrite par lui dans une lettre adressée à M. Séguier et lue à l'Académie dans la séance du 2 mars 1863.

Supposons qu'on place à l'extrémité inférieure du pendule d'une horloge ordinaire une petite armature de fer doux et par dessus, à une distance convenable, un électro-aimant dans lequel une horloge-type, placée à une distance quelconque, lance un courant à chaque seconde; la marche de la première pendule n'est pas altérée en apparence, mais la petite attraction qui vient se combiner avec l'action de la pesanteur agit de telle sorte qu'au bout de très peu de temps les deux pendules exécutent leurs oscillations d'une manière absolument synchronique. Si, par une cause quelconque, une avarie vient à se produire et empêche pendant quelque temps le passage du courant, le pendule de l'horloge à régler n'en continue pas moins sa marche et l'accord se rétablit dès que recommence le passage du courant.

Cette remarque est vraiment ingénieuse et importante. Sans vouloir contester à M. Vérité la spontanéité de son invention, on trouve que, dès 1847, Foucault avait proposé un moyen analogue. On peut donc s'étonner que cette idée si simple et la seule efficace soit restée si longtemps avant de recevoir une application.

Le procédé Vérité avait été présenté au public dès sa naissance, presque à l'état de simple conception ; depuis lors, il a été étudié avec soin par M. Wolf, à l'Observatoire de Paris. Cet habile astronome a reconnu que l'électro-aimant ne doit pas être placé dans la verticale du point de suspension du pendule, mais qu'on doit en disposer deux de part et d'autre de cette verticale. Non seulement par ce moyen l'intensité de l'action se trouve augmentée, mais dans l'autre cas un courant trop fort amène l'arrêt du pendule.

La pièce la plus délicate, dans tous les systèmes d'horloges électriques, est celle qui ouvre ou ferme le courant et qui est mise en jeu directement par l'horloge régulatrice. Ici se présentent deux questions graves, d'abord celle du petit travail mécanique qui accompagne nécessairement le mouvement de cette pièce ; ensuite, celle du passage du courant qui traverse la pendule.

Ces deux questions ont été longuement étudiées par les astronomes, à l'occasion du problème des longitudes.

L'électricité offre, en effet, un moyen tout nouveau et bien plus précis que les anciens pour déterminer la différence de longitude qui existe entre deux lieux donnés.

Prenons deux villes, Paris et Lyon par exemple; établissons entre elles un fil métallique et plaçons à chaque extrémité deux relais de télégraphie ordinaires ; si le courant est fermé chaque fois que le pendule de l'horloge de Paris passe dans la verticale, les palettes des deux relais seront attirées en même temps et feront entendre un petit bruit sec, d'une manière entièrement simultanée. Si donc on compte la seconde à Paris et à Lyon au moment où ce bruit a lieu, les observations s'effectueront dans les deux stations comme avec une seule et même pendule ; les procédés habituels de communication permettent d'ailleurs de s'entendre sur le nom de la seconde. Actuellement, il suffit de mesurer le temps qui sépare les passages d'une même étoile aux deux méridiens pour obtenir la différence de longitude.

Dans une opération de cette nature, les astronomes ont la prétention d'apprécier jusqu'au centième de seconde ; on conçoit donc tout l'intérêt qu'il y a à écarter les causes perturbatrices les plus minimes et combien on a dû réfléchir avant d'adopter un système pour l'interrupteur et le mode d'admission du courant.

Pour l'interrupteur on a employé plusieurs dispositions successives; voici la première, telle qu'elle existe à l'Observatoire de Marseille :

Le pendule lui-même porte en l'un de ses points un petit doigt en pierre dure; en regard, sont placées deux très minces lames de platine qui, par leur application l'une sur l'autre, ferment un circuit. En passant dans la verticale, le doigt presse sur l'une des lames et le courant est ouvert. On a craint quelque temps que le petit effor qu'on impose au pendule ne modifiât légèrement la valeur de son oscillation, mais il n'en est rien. Cet effort ayant lieu juste au moment du passage par la verticale, l'impulsion tengentielle n'en est pas affectée d'une manière sensible. On s'en est assuré en observant la marche de la pendule pendant plusieurs jours avec ou sans interrupteur.

Néanmoins, cette disposition a été rejetée dans ces derniers temps par un excès de scrupule, non pas à cause du frottement, mais afin de soustraire complètement la pendule à l'influence du courant. L'interrupteur en effet est isolé ; mais au moment où le doigt vient toucher la lame, une petite portion du courant peut passer dans la pendule. Par la nouvelle disposition, le doigt fait échapper une languette portée par un axe qui exécute un tour complet. Or, le passage du courant ne se produit que quand la palette n'est plus en contact avec le pendule.

Les Anglais avaient proposé un mode d'interruption très-ingénieux. Supposons deux petits filets de mercure s'échappant en regard l'un de l'autre, de manière à se rencontrer dans leur chute, ils constituent ainsi un conducteur continu. On faisait arriver ces deux jets de manière que leur jonction se produisit juste au-dessus du pendule dans le plan des oscillations, tandis que l'écoulement avait lieu dans des plans perpendiculaires à celui-ci. Les deux vases d'où s'échappait le liquide étant en communication avec le fil du circuit, le courant était interrompu par une lame de mica portée par la tige du pendule et séparant par sa tranche les deux jets de liquide à leur point de réunion. L'effort, presque tout entier, s'exerçait perpendiculairement au plan de la lame du mica et se trouvait sans influence sur la marche du pendule.

Nous ne pourrions nous prononcer sur la juste valeur de ce dispositif ; il est compliqué, et les Français lui ont préféré ceux que nous venons de décrire.

On comprend d'ailleurs que le courant qui traverse l'interrupteur n'est qu'auxiliaire et de faible intensité ; il sert seulement à faire manœuvrer un relai qui donne passage au fort courant de la ligne.

On voit par ce qui précède que le problème de la distribution de l'heure dans une ville, au moyen d'un système d'horloges solidaires est complètement résolu. Non seulement on peut faire en sorte que l'accord ait lieu pour les heures et les minutes, mais on peut obtenir entre ces divers appareils le synchronisme le plus complet.

Il ne nous reste que bien peu de choses à ajouter pour indiquer comment on pourra faire profiter Marseille de ces progrès et répondre aussi bien aux besoins des habitants qu'aux exigences légitimes de la marine.

Mais d'abord qu'il nous soit permis de faire ressortir combien le régime actuel est défectueux. L'Observatoire est séparé des ports par la ville tout entière ; beaucoup de marins ignorent son existence, et quand bien même ils la connaîtraient, beaucoup n'y viendraient pas à cause des inconvénients qu'entraîne la longueur du trajet.

Sans vouloir porter sur nos horlogers une appréciation défavorable, il est constant qu'aucun d'eux ne peut se placer dans de bonnes conditions pour avoir l'heure. Les mieux intentionnés ont une petite lunette méridienne établie sur une terrasse instable, et l'observation du soleil ne peut leur fournir, quand bien même ils apporteraient aux indications de l'instrument les corrections les plus minutieuses, qu'une grossière approximation ; aussi avons-nous entendu plusieurs capitaines se plaindre de la manière la plus énergique. Au dire de quelques-uns d'entre eux, les discordances entre les heures prises à diverses sources auraient atteint quelquefois jusqu'à quinze secondes. Il est manifeste qu'un tel état de choses est indigne de notre grande cité.

On peut, sans dépenses considérables, mettre un terme à ces incertitudes. Pour cela, il faut établir à l'Observatoire de Longchamp une bonne horloge régulatrice qui, par le procédé Vérité, communiquera ses qualités de marche à d'autres horloges plus communes, réparties en différents points de la ville et des ports. Les cadrans de ces derniers, munis d'aiguilles à secondes, seraient aperçus de tous les bâtiments et chacun d'eux pourrait ainsi régler ses chronomètres sans leur faire courir les chances, toujours grandes, d'un déplacement.

Rien n'empêcherait, en outre, d'indiquer midi par la chute d'une boule, comme cela se pratique dans presque toutes les villes maritimes. La proximité des cadrans donnant l'heure exacte, rendrait facile l'exécution de cette manœuvre.

Nous souhaitons de tous nos vœux que ces mesures, déjà demandées par plusieurs personnes, deviennent une réalité.

30 Mars 1869

www.ingramcontent.com/pod-product-compliance
Lightning Source LLC
LaVergne TN
LVHW011956160826
845678LV00002B/576
* 9 7 8 2 3 2 9 6 7 9 4 2 6 *